BEI GRIN MACHT SICH IHR WISSEN BEZAHLT

- Wir veröffentlichen Ihre Hausarbeit,
  Bachelor- und Masterarbeit

- Ihr eigenes eBook und Buch -
  weltweit in allen wichtigen Shops

- Verdienen Sie an jedem Verkauf

Jetzt bei www.GRIN.com hochladen
und kostenlos publizieren

Impressum:

Copyright © 2016 GRIN Verlag, Open Publishing GmbH
Druck und Bindung: Books on Demand GmbH, Norderstedt Germany
ISBN: 978-3-668-16782-7

Dieses Buch bei GRIN:

http://www.grin.com/de/e-book/317687/farbigkeit-organischer-verbindungen-auf-
chemischer-ebene-theoretische

Mike G.

Farbigkeit organischer Verbindungen auf chemischer Ebene. Theoretische Analyse und chemische Anwendungsgebiete

GRIN Verlag

Die Farbigkeit organischer Verbindungen

Vorwort

Das Unterrichtsmodul Farbstoffe unterteilt sich in die drei
wichtigsten Klassen: Triphenylmethanfarbstoffe, Anthrachinon-
farbstoffe und Azofarbstoffe. Maßgeblich beeinflusst haben diese
Arbeit die Unterrichtsmaterialien eines Gymnasiums, Erläuterungen
eines Fachlehrers und Hintergrundinformationen aus dem Internet.
Dabei ist besonders Ulrich Helmich zu nennen, welcher am 23.
Februar 2008 eine Übersicht zu diesem Thema verfasste und dessen
Bilddateien in dem Vorbereitungstext eingebaut wurden. Es finden
sich im Folgendem ein Einarbeitungstext in das Thema Farbstoffe
allgemein und speziell die Azo- und Triphenylmethanfarbstoffe
sowie Färbeverfahren.

Für die Farbigkeit spielen die delokalisierten π-Elektronen eine Rolle. D.h. eine Verbindung benötigt ein π-Elektronensystem aus Doppelbindungen[1].

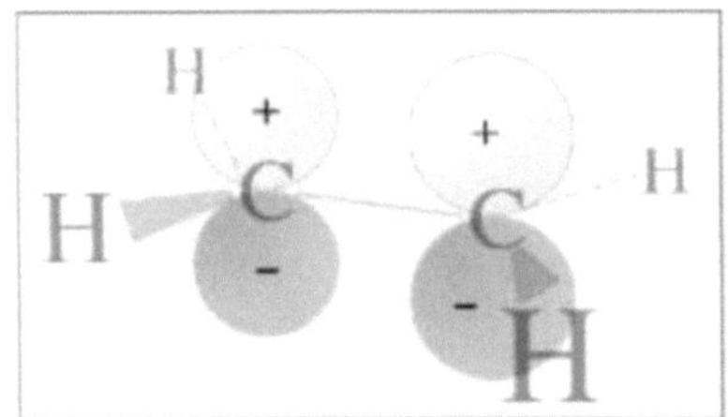

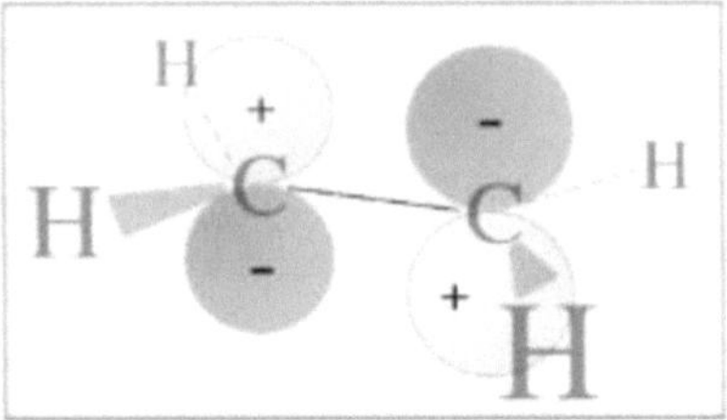

Perspektivische Darstellung des bindenden Molekülor-
bitals (MO) des Ethen-Moleküls.

Perspektivische Darstellung des anti-bindenden Mole-
külorbitals (MO) des Ethen-Moleküls.

Beispiel Ethen. In den p_z- Orbitalen befinden sich die π-Elektronen, welche aber auf zwei unterschiedliche Arten überlappen können. Ein bindendes π-Molekülorbital und ein anti-bindendes π*-Molekülorbital sind möglich, nur im ersten halten sich (normalerweise) die π-Elektronen auf. Das π-Molekülorbital ist energieärmer als das π*-Molekülorbital.

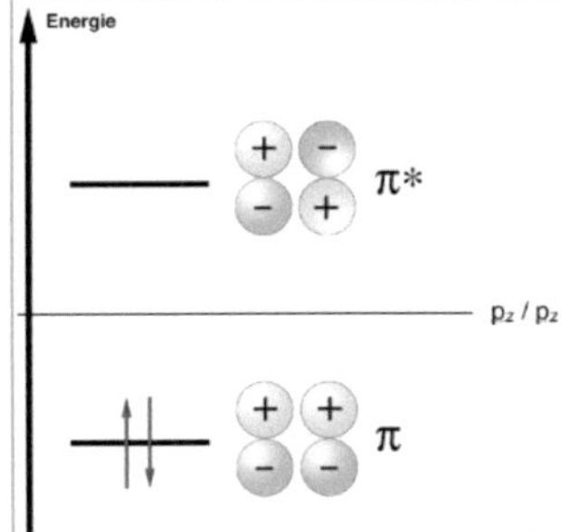

Energiediagramm der beiden MOs des Ethens.

Trifft Licht auf das π-Molekülorbital wird eines der beiden Elektronen angeregt in das π*-Molekülorbital zu gehen, womit die Energie des Systems gleich null ist. Die stabilisierende Wirkung des π-Molekülorbitals ist genauso groß wie die destabilisierende Wirkung des π*-Molekülorbitals.
Das Licht spaltet die π – Bindung, die C-Atome des Ethens werden nur noch durch die σ – Bindung zusammengehalten.

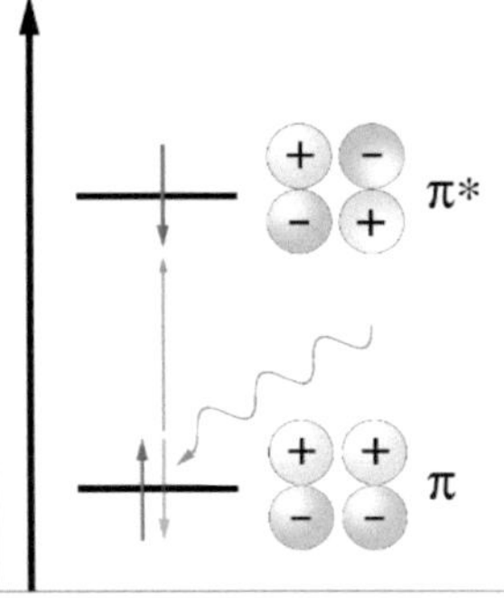

Absorption von UV-Licht

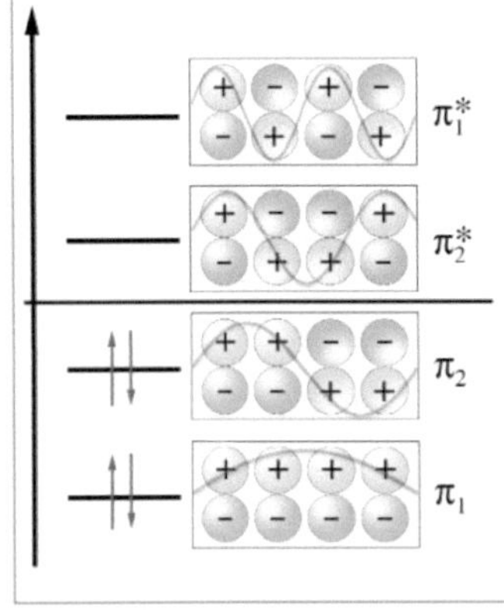

Elektronenwellen, eingesperrt in Potenzialkästen
Energiediagramm der vier MOs des Butadiens.

Beispiel Butadien.
Nun sind 4 p_z – Orbitale vorhanden. Die π – Bindungen kommen durch die Überlappung des C_1 und C_2 bzw. C_3 und C_4 Orbitals zustande. Jedoch überlappen auch das C_2 und C_3 Orbital. Die 4 π – Elektronen sind über alle 4 Kohlenstoffatome delokalisiert.
Die vier p-Orbitale können zu vier verschiedenen Molekülorbitalen kombiniert werden: zwei bindende π-Molekülorbitale und zwei anti-bindende π*-Molekülorbitale. Das $π_2$-Molekülorbital ist das höchste, noch mit Elektronen besetze Orbital (befindet sich im Grundzustand). Das $π_2$*-Molekülorbital ist das niedrigste noch nicht mit Elektronen besetzte Orbital (von Elektronen im angeregten Zustand

---

1 Bilder wurden von http://www.u-helmich.de/che/Q2/farbe/02/farbigkeit-folien.pdf entnommen.

besetzt).Stoffunabhängig benennt man das '*hightest occupied molecular orbitale*' als **HOMO** und das '*lowest unoccupied molecular orbital*' als **LUMO**. Bei Lichteinfall wird (sehr häufig) das Elektron vom HOMO ins LUMO angeregt und der Farbton kommt zu Stande.

Beispiel Hexatrien. Es existieren 6 p_z-Orbitale, 3 bindende π-Molekülorbitale und 3 anti-bindende π^*-Molekülorbitale. Deshalb ist der (energetische) Abstand zwischen HOMO und LUMO (in einem Energiediagramm) kleiner, d.h. weniger Energie wird für den Übergang von HOMO zu LUMO benötigt, langwelligeres Licht wird absorbiert.

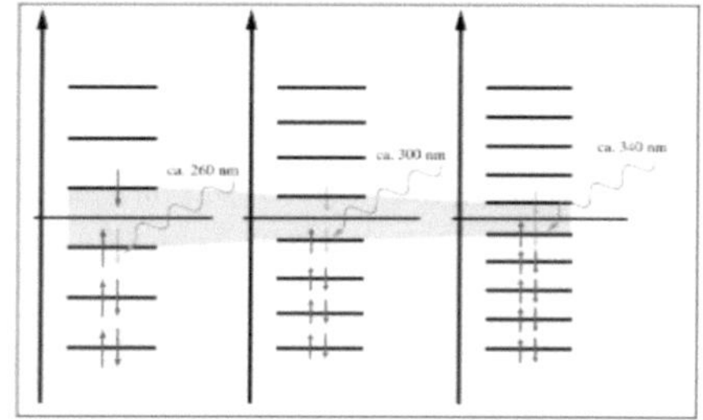

Energiediagramm der vier MOs des Butadiens

> **Elektronenwellen**: Jedes Elektron schwingt ein wenig (spin). Wenn nun die 4 π-Elektronen in den π-Molekülorbitalen 'eingesperrt' sind, dann wird der Schwungrythmus (stark) eingeschränkt, d.h. das Molekül wird energiereicher und instabiler. Aber im π_1^*-Molekülorbital ist die stärkste Schwingung möglich, darum ist dieses auch der stabilste Zustand der Bindungen im Butadien.

Energiediagramm der MOs des Hexatriens sowie der beiden folgenden Polyene mit 8 und 10 C-Atomen.

Allgemein gilt:
Je mehr p_z-Orbitale eine organische Verbindung besitzt, desto langwelligeres Licht wird absorbiert.
Der Stoff sieht dunkel aus.

Funktionelle Gruppen an organischen Verbindungen, welche die Farbigkeit und den Farbton bestimmen werden **Chromophore** genannt.
Wichtigste Chromophore im Überblick.

- Azogruppe $-\bar{N}=\underline{N}-$
- Ethengruppe $C-C-$
- Carbonylgruppe $-\underset{|}{C}=\bar{\underline{O}}$
- Nitrosogruppe $-\bar{N}=\underline{O}$
- Nitrogruppe $-NO_2$
- Carbaminogruppe $-C=\bar{N}-$

Jedes Molekül mit einem **Chromophor** wird als **Chromogen** (Farberzeuger) bezeichnet.

Hypsochromer Effekt: Farbaufhellung durch Verkürzung des delokalisierten π-Elektronensystems.
Bathochromen Effekt: Farbvertiefung durch Verstärkung des delokalisierten π-Elektronensystems.

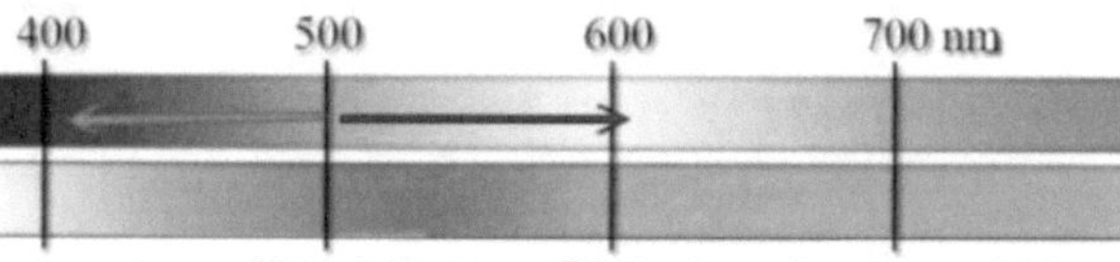

**oben: absorbiertes Licht,
unten: Komplementärfarbe**

Das delokalisierte π-Elektronensystem absorbiert Lichtwellen indem es die delokalisierten π-Elektronen in einem höheren angeregten Zustand führt. Die dafür benötigte Energie liefern nur bestimmte Wellenlängen. Hat man die Energie aufgenommen, entfällt diese Wellenlänge aus dem Farbspektrum und die Gegenfarbe (Komplementärfarbe) wird sichtbar.

> Ein *kürzeres* delokalisiertes π-Elektronensystem absorbiert *energiereichere, kurzwelligere* Lichtwellen. Je *kürzer* ein delokalisiertes π-Elektronensystem, desto *heller* der Stoff.
> Ein *längeres* delokalisiertes π-Elektronensystem absorbiert *energieärmere, langwelligere* Lichtwellen. Je *länger* ein delokalisiertes π-Elektronensystem, desto *dunkler* der Stoff.

Auxochrome Gruppen sind Elektronendonatoren, haben +M – Effekt. Verstärkung des delokalisierten π-Elektronensystems.
Antiauxochrome Gruppen sind Elektronenakzeptoren, haben -M – Effekt.
Push and pull System: Befindet sich eine auxochrome funktionelle Gruppe und eine antiauxochrome funktionelle Gruppe gleichzeitig an einer Verbindung, dann wird die Delokalisierung der π-Elektronen verstärkt. Darum ist der Stoff dunkler.
Stärke der auxochromen Gruppen.

Auxochrom: $-O^- > -NR_2 > -NHR > -NH_2 > -NHCOR > -OH > -OR$

Antiauxochrom: $-NO > -NO_2 > -CN > -SO_3^- > -COO^- > -COOR$

Durch Einführung von **auxochromer Gruppen** in einen aromatischen Rest bzw. Teil wird eine **bathochrome** Wirkung erzielt.

> Bathochrome Wirkung haben Gruppen wie:
>
> $-\bar{\underline{O}}-CH_3, -\bar{\underline{O}}H, -\bar{N}H_2, -\bar{N}R_2, -\bar{\underline{O}}|^{\ominus}$

D— π-System —A	
Elektronenliefernde funktionelle Gruppe **Elektronendonator** **+M-Effekt** **Auxochrom**	**Elektronenziehende funktionelle Gruppe** **Elektronenakzeptor** **-M-Effekt** **Antiauxochrom**
Beispiele	
Hydroxyl-Gruppe (Alkohole): H—Ō— Das **Alkoholat**-Ion (aber auch andere Anionen!): $^{\ominus}|\bar{\underline{O}}—$ (Von der Hydroxyl-Gruppe ist ein Proton abgespalten worden) Ein **Benzolring**: Halogen-Atome, z.B. Brom-Atome **Amine** (= Derivate, also Abkömmlinge des Ammoniaks NH_3): $-NH_2$ (= primäre Amino-Gruppe), $-NHR$ (= sekundäre Amino-Gruppe), $-NR_2$ (tertiäre Amino-Gruppe)	**Aldehyd**-Gruppe (mit ihrer **Carbonyl**-Gruppe) **Cyano**-Gruppe (Nitrile): $-C≡N|$ **Nitro**-Gruppe:

Das Maximum der Absorptionsbande liegt umso mehr im langwelligeren Bereich, je
- ausgedehnter das π -Elektronen -System ist,
- stärker die Delokalisation der π -Elektronen ist,
- ähnlicher der Energieinhalt der mesomeren Grenzstrukturen ist.

> Mit steigender Zahl der konjugierten Doppelbindungen wird die Absorption in den langwelligen Bereich verschoben
> Wird die Konjugation durch ein oder mehrere sp³-hybridisierte Kohlenstoffatome unterbrochen, wird also die Mesomerie über das ganze Molekül hinweg durch ein oder mehrere Kettenmitglieder verhindert, so absorbieren diese Moleküle im kürzer welligen Bereich.

2.1 Azofarbstoffe
Charakteristikum dieser Farbstoffe ist die -N=N- Gruppe

Herstellung.
I. Diazotierung
(a) Herstellung des diazotischen Reagenzes.

$$NO_2^- + H_3O^+ \longrightarrow HNO_2 + H_2O$$

Nitrit   **salpetrige Säure**

$$HNO_2 + HCl \longrightarrow H_2NO_2^\oplus + |\overline{Cl}|^-$$

$$O=N-\overset{\oplus}{O}\!\!<^H_H + |\overline{Cl}|^- \longrightarrow Cl-N=O + H_2O$$

Nitrosylchlorid

(b) Herstellung des Ausgangsstoffes der Azokopplung.

$$Ph-NH_2 + N=O \longrightarrow Ph-\overset{H}{\underset{}{N^+}}-N=O + |\overline{Cl}|^-$$

$$Ph-N^+H-N=O + H_2O \longrightarrow Ph-NH-N=O + H_3O^+$$

$$Ph-NH-N=O + H_3O^+ \longrightarrow Ph-N=N-OH + H_3O^+$$

$$\longrightarrow Ph-N\equiv N^+ + 2H_2O$$

Diazoniumsalz

II. Azokupplung

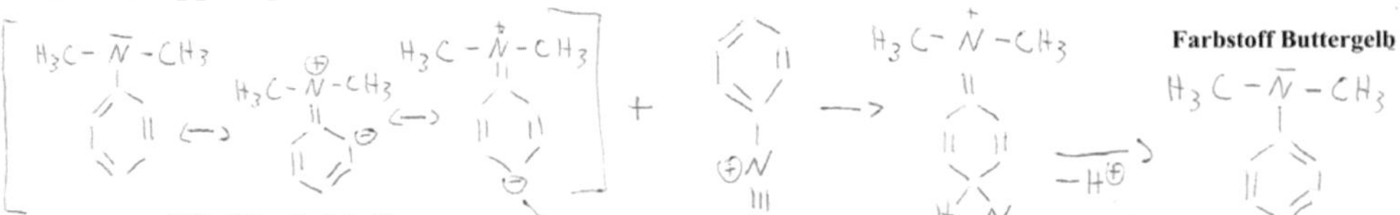

N,N - Dimethyl-Anilin

Diazoniumsalz

Farbstoff Buttergelb

Azokupplung ist eine elektrophile Zweitsubstitution.
Das Diazoniumsalz ist nur schwach elektrophil,
weshalb es nur an ein Benzolderivat mit +M – Effekt
Erstsubstituenten gekoppelt werden kann. Darum ist
es (oft) para dirigierend (ortho wegen sterischer Hinderung selten).

Charakteristika

Diazoniumkomponente (Diazoniumsalz) und **Kupplungskomponente** (Stoff, an welches sich
Diazoniumsalz kuppelt).

- **Diazoniumskomponente**: N am Ring und (bestenfalls) -M – Effekt der Substituenten.

- **Kupplungskomponente**: +M – Effekt der Substituenten.

2.1.1 Einfluss des pH-Wertes auf die Farbigkeit der Azofarbstoffe.

Beispiel 1: Resocringelb.
Bei Zugabe einer Base ist ein bathochromer Effekt (gelb → rot) zu erkennen.

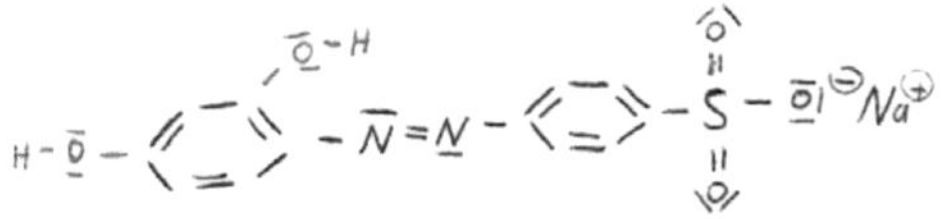

Bei Zugabe einer Base (OH^- - Ionen) spalten die Hydroxygruppen ein Proton ab.
Durch eine Ladungsverschiebung tritt eine Carbonylgruppe (C = O) auf, welche das π –
Elektronensystem   erweitert.

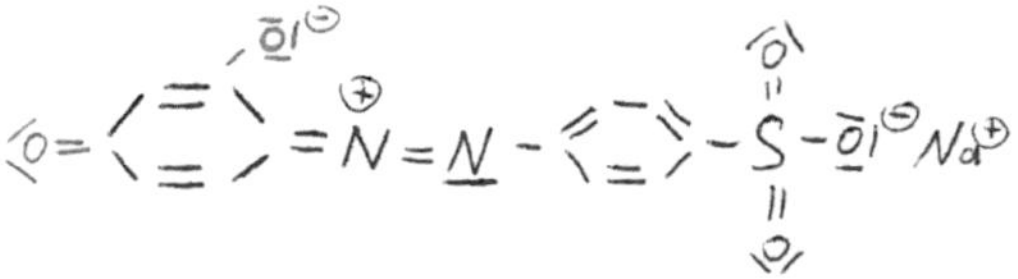

Besonderheit:
Ringbildung.
Durch die räumliche (sterische) Nähe der
beiden Ladungen ist es denkbar, dass sich
ein Ringsystem bildet. Dieser Ring
stabilisiert den Grundzustand des
Resorcingelb, da die **Baeyer-Spannung**
zu hoch ist und der Ring energetisch ungünstiger ist. Darum werden höhere pH-Werte benötigt um
einen Farbumschlag von Resorcingelb zu verursachen. Nähme man anstelle von Resorcin
Brenzcatechin (o-Hydroxy-Phenol) so wäre der pH-Wert für einen Farbumschlag geringer.

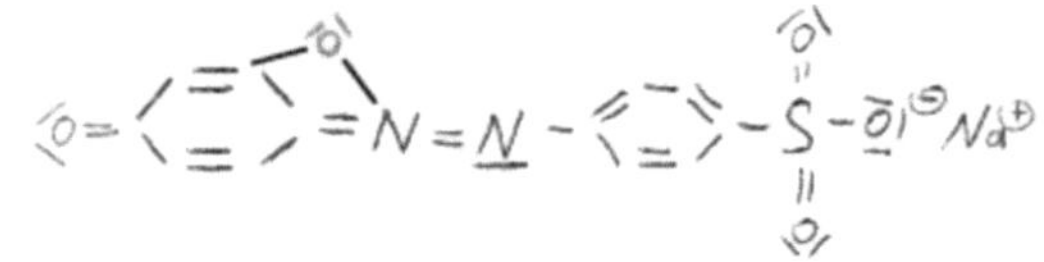

Beispiel 2: Paramethylrot.
Bei Zugabe einer Säure ist ein bathochromer Effekt (gelb → rot) zu erkennen.
Dazu sollte man sich mindestens eine mesomere Grenzstruktur anschauen.

Die Carboxylgruppe hat einen geringeren -M – Effekt als die Aminogruppe, darum ist letzteres das elektronenschiebende Auxochrom. Um das π – Elektronensystem zu erweitern, würde sich eine ungünstige, negative Ladung am zweiten Azostickstoff bilden müssen. Dies ist äußerst selten der Fall, darum entsprechen die meisten mesomeren Formen in einer Paramethylrot-Lösung der obrigen, gelbfarbenen.

Durch die Zugabe von H_3O^+ - Ionen werden alle funktionellen / Restgruppen protoniert, die Herstellungsreaktion wird umgekehrt, das Stickstoff wird wieder protoniert. Somit wird der zweite Azostickstoff positiv geladen und ist in der Lage eine stabile, günstige Erweiterung des π – Elektronensystems herbeizuführen.

Gesundheitliche Aspekte.
   (1) Menschlicher Körper kann Azokupplung
       zurückführen, Diazoniumsalz ist cancerogen.
   (2) Pseudoallergische Reaktionen auf Haut und Atemweg.
   (3) Verdacht für Asthma, Neurodermitis und ADHS.

2.2. Triphenyl(methan)farbstoffe
Farbstoffe ausgehend vom Methan, an welchem drei Wasserstoffatome gegen Phenylreste substituiert wurden.

Untergruppe dieser Farbstoffe sind die Phtaleine.

Grundstoff ist die Phthalsäure bzw. das Phthalsäureanhydrid.

Herstellung von Phenolphthalein (Ohne Mechanismus).

Farbigkeit des Phenolphthaleins.

Durch die aromatischen Ringsysteme, die Doppelbindung vom Sauerstoff und die die freien Elektronenpaare befinden sich sehr viele π – Elektronen im Phenolphthalein. Jedoch ist das C-Atom in der Mitte **sp³ hybridisiert**, sodass es die Kette zum π – Elektronensystem <u>unterbricht</u>.

Phenolphthalein ist im obrigen Zustand **farblos**. Die Darstellung entspricht Phenolphthalein im **sauren Medium pH < 7**. Man spricht von der **lactoiden Form**, da eine dem **Lacton** ähnliche Struktur auffindbar ist.

Lactone - Charakteristisch ist die Sauerstoffbrücke und die Carbonylgruppe

Im **basischen Medium** spalten die Hydroxygruppen ihre Protonen ab und das mittlere C – Atom wird **sp² hybridisiert**. Das π – Elektronensystem wird verbunden und es entsteht ein **rosa-pinker Farbton**.

Diese beiden mesomeren **Grenzstrukturen** sind nur einige wenige. Durch die Vielzahl an Möglichkeiten entsteht auch der tiefe Farbton, weshalb man Phenolphthalein hervorragend als **Indikator** einsetzen kann.

Da nun eine Farbigkeit auftritt und eine dem **Chinon** ähnliche Form entstanden ist, spricht man von der **chinoiden Form** des Phenolphthalein.

Chinon

Hydrochinon

$+\ 2\ e^-\ +\ 2\ H^+$

Farbigkeit des Phenolphthaleins.

Bei einem sehr geringen pH – Wert (pH > 1) wird das Phenolphthalein farbig, da das Anhydrid wegen der Protonierung aufbricht. Die mesomeren Grenzstrukturen mit dem +M – Effekt der Hydroxylgruppen ermöglicht die sp^2 – Hybridisierung des mittleren Kohlenstoffs und das Molekül absorbiert Licht im farbigen Bereich.

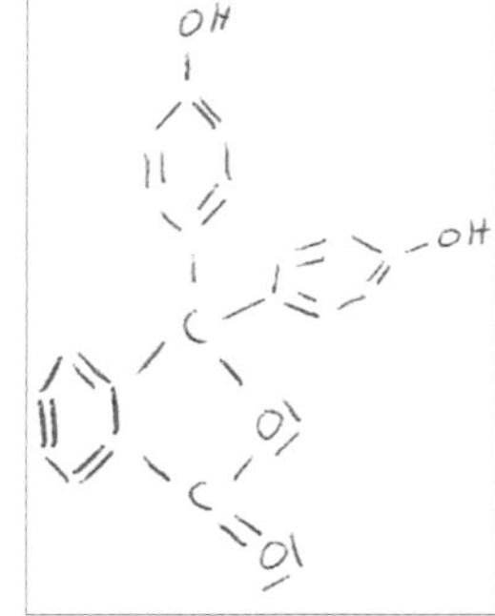

Im Wasser (pH = 7) besitzt das Phenolphthalein sowohl eine Carbonylgruppe als auch zwei Hydroxylgruppen und eine „Sauerstoffbrücke." Das mittlere Kohlenstoffatom ist sp^3 – hybridisiert und trennt die einzelnen mesomeren Systeme voneinander. Das Molekül absorbiert zwar Licht, jedoch ist es, für das menschliche Auge nicht sichtbares UV – Licht.

Im stark basischen Medium (pH > 13) werden beide Hydroxylgruppen deprotoniert. Im basischen Medium (8 < pH < 12) wird nur eine Hydroxylgruppe deprotoniert und das Molekül erscheint farbig. Da beide Gruppen deprotoniert sind, besitzt das mittlere Kohlenstoffatom eine positive Ladung. Doch wegen dem Überschuss an Hydroxidionen lagert sich eben ein solches an das zentrale Kohlenstoffatom an und sp^3 – hybridisiert es.

3. Färbeverfahren

	Direktfärbung	Entwicklungsfärbung	Küpenfärbung
Voraussetzungen	Wasserlöslicher Farbstoff.	Farbstoff mit zwei Komponenten.	Zugabe eines Reduktionsmittels.
Ausführung	Lösen des Farbstoffes in Wasser und tränken der Faser darin.	Tränken der Faser in wäsrig-basisch gelöster Kupplungskomponente, anschließend in Diazokomponente.	Wasserunlöslicher Farbstoff in Leukoform reduziert. Mit Wasser vermischen und Faser darin tränken. Nach Trocknen bildet sich Farbstoff auf Faser.
Fasern	Substanziell: Baumwolle, Cellulose. Ionisch: Wolle, Seide.	Cellulose.	Baumwolle.
Haftungsart	Substanziell: Van-der-Waals	Adsorption.	Van-der-Waals Wechselwirkungen oder

9

			Wasserstoffbrücken.
	Wechselwirkungen oder Wasserstoffbrücken. Ionisch: Ionenbindungen.		
Farbstoffe	Azofarbstoffe, Anthrachinon.	Azofarbstoffe (Naphtol AS).	Indigofarbstoffe.
Vor-/Nachteile	Nicht waschecht.	Sehr waschecht.	Hohe Waschechtheit.

	Beizenfärbung	**Reaktivfärbung**	**Dispersionsfärbung**
Voraussetzungen	Zugabe von Aluminium- oder Eisensalzen.	Reaktive Gruppe am Farbstoff.	Wasserunlösliche Farbstoffe.
Ausführung	Beizen der Faser mit Metallsalzen, Einlagerung in Faser (Adsorption) und anschließende Komplexierung mit Farbstoffen.	Reaktive Gruppe bindet sich an Hydroxygruppen der Cellulose (Dichlortriazin reagiert unter Abspaltung von Cl_2).	Farbstoffe zu Suspension in Wasser verarbeitet (mit Hilfsstoffen). Fasern „saugt" Farbstoff ein und umgibt ihn.
Fasern	Wolle.	Cellulose.	Unpolare Fasern, Kunststoffe.
Haftungsart	Komplexierung.	Atombindung.	Diffusion.
Farbstoffe	Anthrachinon.	Jeder mit reaktiver Gruppe.	Azofarbstoffe.
Vor-/Nachteile	Sehr waschecht.	Sehr haltbar.	Sehr waschecht.

Fasertypen

Fasertyp	**Chemische Beschaffenheit**	**Verknüpfung mit der Faser**	**Farbstoffe**
Wolle, Seide, tierische Fasern.	Carboxylgruppen und Aminogruppen.	Ionische Wechselwirkungen.	Ionische Farbstoffe.
Pflanzliche Fasern, Baumwolle.	Hydroxylgruppen.	Komplexierung, Ionen-/ Atombindung.	Anthrachinon-, Azo- oder indigoide Farbstoffe.
Synthetische Fasern, Polyamide, Polyester.	Aminogruppen, Peptidgruppen etc.	Van-der-Waals – Wechselwirkungen bzw. Wasserstoffbrücken.	Phtalocyaninfarbstoffe.

<h1 style="text-align:center">3.1 Entwicklungsfärbung s.str.</h1>

Färben mit Azofarbstoffen.
Die meisten Azofarbstoffe sind wasserunlöslich und damit unbrauchbar fürs das Färben. **Paramethylrot** basiert u.a. auf *Benzoesäure*, welche durch die **Carbonylgruppen** (C = O) und **Hydroxygruppen** (C-OH) ein wenig polar wird. Da Wasser ein polares Lösungsmittel ist, kann es auch nur polare Substanzen lösen. H (2,1), C (2,5) und N (3) stehen relativ unpolar zueinander. Deshalb werden fürs Färben viele Azofarbstoffe mit einer **Sulfongruppe** versehen oder Azofarbstoffe mit bereits einer **Sulfongruppe (Resorcingelb)** genutzt. Schwefel (2,5) und Sauerstoff (3,5) sind sehr polar und ermöglichen je nach Größe des Moleküls eine (geringe) Wasserlöslichkeit.

Bei Temperatur größer 5Grad: **Phenolverkochung**

Diazonium - Salz

Naphthol - AS

ß - Naphtholorange

Das Färbegut wird in eine **Kupplungskomponenten**-Lösung getränkt und anschließend in ein Bad aus **Azokomponenten**. Dabei bildet sich der Azofarbstoff, welcher als Pigment (Feststoff) ausfällt und an der Faser wegen **Adsorption** (Anreicherung von Feststoffen aus Flüssigkeiten an Feststoffoberfläche) haften bleibt. Die Färbung von **Baumwolle** zu einem Orangeton kann wie folgt aussehen.

Naphthol AS wird industriell eingesetzt, ist aber ungeeignet für die Färbung von Seide oder Wolle, da diese nicht basebeständig sind und verfilzen würden.

Indigo ist ein <u>wasserunlöslicher</u> Stoff, weshalb er zum <u>wasserlöslichen</u> **Indigoweiß** (<u>Leuko</u>-Indigo) *reduziert* wird. Nachdem der zu färbende Stoff damit getränkt wurde, führt eine *Oxidation* zur Reaktion von Indigo, welches sich daraufhin so fest an die Faser gebunden hat, dass es besonders lichtecht ist.

Das obere Indigo weißt Carbonylgruppen (C = O) neben vielen Ethengruppen auf. Demzufolge sind die Van-der-Waals – Kräfte sehr stark vertreten und machen Indigo hygroskop. Indigoweiß ist ein Salz und aufgrund der Ladungsverhältnisse in der Lage Wasserstoffbrückenbindungen einzugehen, außerdem ist es polar.

Das Reduktionsmittel ist **Natriumdithionit**, als Oxidationsmittel wird industriell oft **Peroxid** benutzt.

Reduktion: Indigo + $Na_2S_2O_4$ + 4 NaOH $\rightarrow$ Indigoweiß + 2 Na_2SO_3 + 2 H_2O
Oxidation: Indigoweiß + H_2O_2 $\rightarrow$ Indigo + 2 NaOH

Die Leuko-Form bezeichnet den Zwischenzustand eines Farbstoffes, im Falle des Indigo ermöglicht dieser die Löslichkeit im Wasser. In der Regel wird die Leukoform oxidiert, damit sich (nach Zugabe einer Säure) der Farbstoff (durch Abspaltung von Wasser) bilden kann.